Patrick Daniel Sudi

Estudos da Composição de Alguns Elementos Essenciais de Depósitos de Potássio

Patrick Daniel Sudi

Estudos da Composição de Alguns Elementos Essenciais de Depósitos de Potássio

ScienciaScripts

Imprint

Cover image: www.ingimage.com

This book is a translation from the original published under ISBN 978-3-659-81033-6.

Publisher:
Sciencia Scripts
is a trademark of
Dodo Books Indian Ocean Ltd. and OmniScriptum S.R.L publishing group

120 High Road, East Finchley, London, N2 9ED, United Kingdom
Str. Armeneasca 28/1, office 1, Chisinau MD-2012, Republic of Moldova, Europe
Printed at: see last page
ISBN: 978-620-8-13296-5

ÍNDICE

DEDICAÇÃO

Este livro é dedicado ao meu falecido pai, o Sr. Daniel Sudi, à minha mulher, a Sra. Lucy Patrick, e à minha filha, a Srta. Hannah Patrick Daniel.

CAPÍTULO 1
INTRODUÇÃO

1.1 Antecedentes do estudo

O termo "potassa" referia-se originalmente à forma impura do sal de potássio (maioritariamente carbonato de potássio) que era obtido a partir de cinzas de madeira. A extração de potássio tornou-se popular quando se descobriu que o depósito de lager existia sob a crosta terrestre e que queimar madeira inteira para obter potássio era um desperdício desnecessário (*Hollermanet al.,* 1985). Eventualmente, a potassa tornou-se o nome comum do carbonato de potássio e de todos os outros sais de potássio solúveis em água. Estes são quase exclusivamente obtidos através da extração mineira e são agora utilizados como um agrupamento coletivo para o produto comercial que deles pode ser derivado (*Hollermanet al.*, 1985).

A potassa designa uma variedade de sais extraídos e fabricados, que contêm o elemento potássio numa forma solúvel em água (Jasinski, 2011). Nalguns casos raros, a potassa pode ser formada com vestígios de materiais orgânicos, como restos de plantas, e esta era a sua principal fonte histórica antes da era industrial. O nome deriva de "potassa", que se refere a cinzas de plantas embebidas em água numa panela (Dennis, 2006). O potássio derivou o seu nome da potassa e foi obtido pela primeira vez por eletrólise da potassa cáustica, em 1808, pelo Cornishman Homphrey Dav (*Hollermanet al.*, 1985). O potássio pertence ao grupo um dos elementos da tabela periódica. Potássio tornou-se o termo amplamente aplicado ao sal de potássio que ocorre naturalmente e ao produto comercial derivado dele (Greenwood *et al,* 1997).

O constituinte químico da água que flui para uma bacia produtora de potássio, proveniente da precipitação, das águas subterrâneas e das nascentes hidrotermais, foi normalmente retirado das rochas locais. As rochas de origem do constituinte são mais frequentemente rochas vulcânicas ácidas a intermédias, mas também incluem rochas salinas mais antigas e rochas sedimentares continentais (Alonso e Risacher, 1996; Risacher e Fritz, 2009). Têm sido explicados como evaporitos marinhos invulgares, que se pensa serem o resultado, entre outras coisas, da digénese de enterramento de evaporitos marinhos normais ou da alteração da composição da água do mar numa bacia de evaporação (Borchert, 1997). A produção e os recursos globais actuais de potássio são dominados por depósitos de sal que contêm potássio. No entanto, em algumas zonas do mundo, as salmouras de potássio de bacias fechadas são a principal fonte de produção de potássio. Existem salmouras de potássio em bacias fechadas em muitas partes do mundo. Os depósitos de salmoura potássica têm potencial para conter teores económicos significativos de potássio e outras matérias-primas, incluindo sal (halogeneto), boro, lítio e magnésio (Singer e Menzie, 2010). A maioria das matérias-primas para o desenvolvimento industrial provém de recursos naturais (Maduka, 2001). O termo é utilizado pelas indústrias para designar o cloreto de potássio, bem como o sulfato, o nitrato e o óxido de potássio (Neuendorfs *al,* 2005). O crescimento industrial e o desenvolvimento de um país em desenvolvimento dependem em grande medida dos recursos de matérias-primas disponíveis, bem como da sua exploração e utilização (Maduka, 2001). Um estudo recente realizado pelo Conselho de Investigação e Desenvolvimento de Matérias-Primas (RMRDC) mostrou que a necessidade de desenvolver a capacidade de transformação destes minerais em produtos intermédios é o requisito mais importante do mineral sólido no país (AdetunjiS *al.*, 2005). O Ministério do Desenvolvimento de Minerais Sólidos coordena estes recursos naturais para melhorar a sua utilização, sustentabilidade, usabilidade e para provocar um desenvolvimento nacional acelerado (Aliyu, 1996). Existem depósitos abundantes de potassa natural na Área do Governo Local de Yusufari do Estado de Yobe, Nigéria, que podem ser totalmente explorados para a produção de fertilizante de potássio. No entanto, a população da região extrai este potássio localmente para consumo e para suplemento alimentar de animais.

1.2 Declaração do problema

A potassa é geralmente utilizada para adoçar alimentos na sopa local e é também utilizada como suplemento mineral na alimentação animal. A composição dos elementos no depósito de potassa encontrado na Área de Governo Local de Yusufari do Estado de Yobe, Nigéria, não foi estudada.

Este estudo revelará as concentrações actuais dos principais elementos e de alguns metais pesados. O resultado será utilizado como guia para conhecer a qualidade da potassa dos depósitos de potassa na zona. Há uma abundância de depósitos de potássio em diferentes áreas da área do governo local de Yusufari, que inclui Madukuri, Kotufa, Kirba e as aldeias fronteiriças entre Yusufari e a República do Níger, que precisam de ser estudadas.

1.3 Importância do estudo

Alguns destes sais ocorrem naturalmente e são, por conseguinte, susceptíveis de estarem contaminados com elementos tóxicos que podem afetar o consumidor. A qualidade da potassa, seja ela natural ou transformada, tem de ser avaliada utilizando as técnicas instrumentais mais actuais, como os espectrofotómetros de absorção atómica e de emissão de chama. Os resultados obtidos constituirão um guia para os consumidores e criarão também um estudo de base para futuros trabalhos de investigação sobre os depósitos de potássio na região.

1.4 Âmbito do estudo

Esta investigação envolve a análise química de depósitos de potássio obtidos em diferentes locais da área governamental local de Yusufari do Estado de Yobe, no nordeste da Nigéria, utilizando espectrómetros de absorção atómica e de emissão de chama. Os elementos a determinar na amostra incluem elementos essenciais (Na, K, Mg, Ca). Estes instrumentos foram escolhidos por serem muito sensíveis a estes elementos e poderem dar resultados desejados mesmo a nível de vestígios.

1.5 Finalidade e objectivos

Objetivo: - O objetivo deste estudo é estimar a qualidade dos depósitos de potássio existentes na área governamental local de Yusufari, no estado de Yobe, na Nigéria.

Os objectivos do presente estudo são

i. Determinar a composição de alguns elementos essenciais em depósitos de potássio encontrados em Yusufari L.G.A. do Estado de Yobe, Nigéria.

ii. Comparar os teores de alguns elementos essenciais presentes na potassa para a alimentação animal.

CAPÍTULO 2

REVISÃO DA LITERATURA

2.1 Fontes de potassa

2.1.1 Depósitos naturais de potássio

Os depósitos naturais de potássio são formados como resultado da evaporação de antigos lagos e mares durante um longo período de tempo. Todos os principais depósitos sólidos de potássio são de origem marinha e foram formados devido à evaporação da água do mar em quase todos os sistemas geológicos na história da Terra desde o período Cambriano (Sonnenfield, 1984). No passado geológico, existiram durante algum tempo grandes mares interiores, que estavam separados do oceano por estreitos e barras. Estas barras dificultavam ou impediam completamente o afluxo de água do mar salgada que se evaporava nos mares interiores como se estivesse numa gigantesca panela de evaporação. Como resultado, a concentração salina da água aumentou e o sal dissolvido cristalizou-se, sendo depois depositado pela ordem da sua solubilidade, primeiro o sal-gema e depois o sal de potássio e magnésio (Dennis, 2006). Este processo repetiu-se ao longo de milhões de anos e resultou na formação de camadas de sal-gema com uma espessura de várias centenas de metros e de camadas de potássio com vários metros de espessura, umas sobre as outras. Mais tarde na história da Terra, estratos de argila impermeáveis à água assentaram sobre os depósitos de sal, impedindo assim que o sal fosse novamente dissolvido *(www.k- plus-s.com/en/wissen/vohstoff/).* Grandes depósitos de potássio, profundamente enterrados, encontram-se em muitos evaporitos marinhos e outras formações em todo o mundo, e ocorrem em todos os continentes e na maioria das épocas geológicas desde o Cambriano até ao presente (Sonnenfield, 1985).

Um caso particular convincente foi o dos evaporitos de potássio cretácicos do Brasil e do Gabão, como depósitos continentais de bacias riftes derivados de salmouras hidrotermais de $CaCl_2$ Stefanson e Bjornson (1982).

Durante as eras geológicas antigas, o leito de potássio foi sujeito a dobras e falhas consideráveis (Singer, 1993; Menzie, 2010). Os depósitos de potássio situados perto da bacia contêm o potencial para a extração de vários produtos, incluindo potássio, lítio, boro, magnésio e sal, e podem incluir sulfato de sódio, carbonato de sódio ou enxofre (Erickson e Salas 1989; Casas *et al.1992.* A geologia da bacia de drenagem tem impacto na química do escoamento superficial e das águas de nascente e da salmoura resultante, controlando assim não só o constituinte, mas também a facilidade com que um determinado potássio pode ser extraído, tal como referido por estes autores (Bryant *el al.,* 1994; Garrett, 1996; Carmona, 2000; Duan e Hu, 2001; Jones e Deocampo, 2003 e *Joneet al.*, 2009).

As fontes de potássio nas rochas são minerais intemperizados, como arthoclose, microchina, biotite, leucite e nefelina. Estudos encontraram uma correlação positiva entre potássio, lítio e boro em salmouras (Zheng, 1984; Orris, 1997; Carmona *et al.* 2000), o que é provavelmente indicativo da sua origem comum em terrenos vulcano-clásticos que tipicamente estão associados a limites de placas convergentes (Orris, 1997). Níveis elevados de magnésio são também típicos de muitas das salmouras de bacias fechadas (Orris, 1997). Para além das salmouras de potássio, a maioria destas bacias tem alguns evaporitos e sais superficiais ou próximos da superfície. Nalgumas áreas, como a bacia de Qaidam na China e Chott el Djerid na Tunísia, podem ser encontradas extensas áreas de minerais de potássio (Casas *el al.* 1992; Bryant *et al.* 1994). Duan e Hu (2001) referiram que a mineralização de sal de potássio na bacia de Qarhan, na China, varia de minerais de potássio disseminados a lentes de estratoides ou corpos em camadas hospedados por halogenetos e outros evaporitos. A presença de um lago de sal evaporado pode estar subjacente a áreas muito maiores que são em parte determinadas pela extensão de um lago pré-existente e pela porosidade e permeabilidade dos sedimentos hospedeiros. A sub-bacia pode existir dentro de uma bacia maior e ter caraterísticas distintamente diferentes, como a química ou o grau (Wang *et al.,* 2005). Os tamanhos destes depósitos são altamente variáveis, tanto em termos de área como da quantidade de potássio contida nas salmouras (Jones *et al.,* 2009). No entanto, com base em considerações físico-químicas, muitos sais de potássio foram formados num ambiente mais profundo devido às mesmas caraterísticas mineralógicas (*Kovalevichet al.*, 1997).

2.1.2 Potassa fabricada localmente

O potássio também pode ser produzido localmente, para além do depósito natural na crosta terrestre. A potassa local pode ser produzida queimando árvores de folha larga e madeira para obter cinzas. As cinzas obtidas a partir do material vegetal queimado são dissolvidas em água numa panela grande. As cinzas dissolvidas são lixiviadas num grande vaso de troncos, daí o nome "potassa". Após a lixiviação, a solução de potassa é então fervida utilizando lenha local para evaporar o conteúdo de água. A solução é deixada arrefecer durante a noite para que a cristalização ocorra a partir da solução supersaturada de potassa. Os cristais de potassa produzidos podem agora ser utilizados para adoçar alimentos locais ou dados aos animais como suplemento alimentar.

2.1.3 Nomes comuns e fórmulas de compostos que contêm potássio

Tabela 2.1 Nomes comuns e fórmula dos compostos de potássio

Common Name	Chemical Name	Formula
Potash Fertilizer	Potassium Oxide	K_2O
Caustic Potash or Potash lye	Potassium hydroxide	KOH
Carbonate of potash,	Potassium Carbonate	K_2CO_3
Chlorate of Potash	Potassium Chlorade	$KClO_3$
Muriate of Potash	Potassium Chloride	KCl
Nitrate of potash or Salt peter	Potassium nitrate	KNO_3
Sulfate of Potash	Potassium Sulfate	$K_2 SO_4$
Permanganate of Potash	Potassium Permanganate	$K_2 MnO_4$

Fonte: Cameron (2008)

2.2 Distribuição e comércio de potássio

A importância da potassa varia com a geologia local, com as condições económicas actuais e futuras e com a necessidade dessa mercadoria (Casas et al., 1992) A potassa era um dos produtos químicos industriais mais importantes do Canadá. Foi refinada a partir das cinzas de árvores de folhas largas e produzida principalmente na área florestal da Europa, Rússia e América do Norte. A primeira patente americana foi emitida em 1790 a Samuel Hopkins por uma melhoria "na produção de cinzas de potassa e cinzas de pérola através de um novo aparelho e processo" (Hoffman, 1988).

thA produção de potassa proporcionou aos colonos do final do século XVIII e início do século XIX na América do Norte uma forma de obterem dinheiro e crédito de que tanto necessitavam à medida que desbravavam as suas terras arborizadas para as culturas. As cinzas das árvores de madeira dura podiam ser usadas para fazer lixívia (KOH), que podia ser usada para fazer sabão ou fervida para produzir potassa valiosa (Hoffman, 1988). Em 1608, os primeiros colonos da Virgínia estabeleceram uma "casa de vidro", e a primeira carga para a Grã-Bretanha incluía potassa. A Grã-Bretanha obtinha a maior parte da sua potassa da Rússia, mas uma crise de potassa em cerca de 1750 levou o parlamento a remeter o imposto e levou a Sociedade de Artes de Londres a oferecer um prémio para a produção de potassa na América (*McCusteret al,* 1985). A produção de potassa tornou-se uma indústria importante na América do Norte britânica. A indústria americana de potassa seguiu o machado do lenhador através do país.

Em 1850, a potassa tinha ganho popularidade como fertilizante, mas as florestas disponíveis para a queima indiscriminada estavam a tornar-se cada vez mais escassas (*Mcusteret al.*, 1985). Os Estados Unidos, tendo dizimado as suas florestas, juntaram-se à maior parte do resto do mundo na dependência da potassa alemã. A dependência ainda existia quando a Primeira Guerra Mundial cortou esta fonte de abastecimento. Esforços frenéticos produziram algum potássio doméstico, nomeadamente a partir da salmoura complexa de alguns lagos salinos ocidentais (Mark, 2002).

Os Estados Unidos ultrapassaram a urgência do tempo de guerra, mas a escassez chamou a atenção para os relatórios de perfurações petrolíferas que tinham revelado a existência de sais de potássio. Estas pistas conduziram a um grande depósito perto de Carlsbad, no Novo México. Depois de 1931, várias minas forneceram cerca de 90 por cento das necessidades domésticas de potassa, cerca de 95 por cento desta produção tornou-se fertilizante (New Orleans, 2000). Em 2005, o Canadá foi o maior produtor de potassa, com quase um quarto da quota mundial, seguido da Rússia e da Bielorrússia em soligorsk, de acordo com o relatório do inquérito geológico britânico. A reserva mais significativa de potássio do Canadá está localizada na província de Saskatchewan e é controlada pela Potash Corporation of Saskatchewan (Canadian Encyclopedia, 2000). Contrariamente a outros produtores, a empresa israelita Dead Sea Work e a empresa jordana Arab Potash Company utilizam as panelas de evaporação solar no Mar Morto para produzir carnalite, a partir da qual é produzido cloreto de potássio (Mark, 2002).

2.2.1 Localizações de depósitos de potássio

Alguns dos maiores depósitos de potássio conhecidos no mundo estão espalhados por todo o mundo, desde Saskatchewan, no Canadá, até ao Brasil, Bielorrússia, Alemanha e, mais notavelmente, na bacia do Permiano. O depósito da bacia do Permiano inclui as principais minas fora de Carlsbad, Novo México, até ao depósito de potássio mais puro do mundo no condado de Lea, Novo México, que se crê ter cerca de 80% de pureza (Dennis, 2006). O Canadá é o maior produtor, seguido da Rússia e da Bielorrússia. A reserva mais significativa de potássio do Canadá está localizada na província de Saskatchewan e é controlada pela Potash Corporation of Saskatchewan (Dennis, 2006). thNo início do século XX, foram encontrados depósitos de potássio na depressão de Dallol, na maioria das localidades de Crescent, perto da fronteira entre a Etiópia e a Eritreia. As reservas estimadas são de 173 e 12 milhões de toneladas para Mostly e Crescent, respetivamente (New Orleans, 2000).

Tabela 2.2 Produção e recursos de potassa em 2010.

País	Produção (Milhões de pedras)	Reservas (Milhões de pedras)
Canadá	9.5	4400
Rússia	6.8	3300
Bielorrússia	5.0	750

China	3.0	210
Alemanha	3.0	150
Israel	2.1	40
Jordânia	1.2	40
Estados Unidos	0.9	130
Chile	0.7	70
Brasil	0.4	300
Reino Unido	0.4	22
Espanha	0.4	20
Outros países	-	50
Mundo Total 33		7500

Fontes: (Wikipédia, 2012)

2.3 Potássio como fertilizante

Potassa é o nome comum dado ao carbonato de potássio e a vários sais extraídos e manufacturados que contêm o elemento potássio na forma solúvel em água. A potassa tem sido um importante item de comércio durante séculos; os seus principais usos são no fabrico de fertilizantes, sabão, vidro e pólvora negra (Hallbart, 1997). Tornou-se o principal produto das indústrias químicas na América antes de 1850, como resultado da limpeza das florestas virgens para a agricultura. No entanto, o fornecimento total anual para estas utilizações químicas nunca ultrapassou alguns milhares de toneladas em todo o mundo (*Mcusteret al.,* 1985).

O potássio é o terceiro principal nutriente das plantas e das culturas, depois do azoto e do fósforo; tem sido utilizado como fertilizante do solo. O potássio elementar não existe na natureza porque reage violentamente com a água. O potássio é importante para a agricultura porque melhora a qualidade da retenção de água, o rendimento, o valor nutritivo, o sabor, a cor, a textura e a resistência às doenças das culturas alimentares (New Orleans, 2000). Por conseguinte, os adubos potássicos contribuem de forma decisiva para fornecer alimentos à crescente população mundial, tanto em termos de quantidade como de qualidade. As concentrações naturais de potássio em bruto consistem em rochas salinas de potássio, predominantemente constituídas pelo mineral de potássio silvite (KCl), carnalite ($KMgCl_3 . 6H_2O$), cainite ($KMg[Cl|SO_4].2.75 H_2O$) e langbeinite ($K_2Mg_2(SO_4)_3$), ou soluções salinas contendo potássio, quer subterrâneas quer em lagos salgados. (www.wikipedia.org/wiki/potash). A produção máxima das culturas exige frequentemente a adição regular de potássio solúvel, mesmo em solos relativamente ricos e virgens (Joseph, 2002). Estes depósitos de concentração suficiente e composição química adequada formaram-se num ambiente mais profundo, apesar de terem posições estratigráficas diferentes, estes depósitos de potássio apresentam as mesmas caraterísticas mineralógicas (Kovalevich, 1997).

2.4 Exploração de depósitos naturais de potássio

2.4.1 Mineração subterrânea convencional

A maioria das ocorrências de potássio são demasiado profundas no subsolo para a extração a céu aberto, pelo que este tipo de extração é designado por extração subterrânea. Na mineração profunda, o método "sala e pilares" progride ao longo do filão de potássio, enquanto pilares e madeira são deixados de pé para apoiar o telhado da mina de potássio. Os métodos de detonação utilizam explosivos para detonar e quebrar o minério e são mais frequentemente aplicados nos casos em que os veios de potássio são extremamente variáveis ou outros factores limitantes tornam impraticáveis as técnicas de extração contínua. O desmonte é mais eficaz na gestão de minas com grandes variações na espessura do minério e requer menos capital inicial e manutenção do que a extração contínua, embora resulte geralmente num custo mais elevado (*Joestenet al.,* 1996). A extração contínua é utilizada quando o filão de potássio é suficientemente espesso, estável e uniforme. Isto permite que os mineiros calibrem e apliquem máquinas de extração contínua de forma económica, apesar do seu elevado custo inicial e de uma manutenção substancial, porque são incrivelmente eficientes, são capazes de cortar suavemente, proporcionam uma entrada com pouca perturbação e possuem uma elevada capacidade (Mark, 2002).

Além disso, a mineração contínua permite a utilização de correias transportadoras para o transporte, possibilitando a automatização de todo o processo de extração do minério. Em geral, são utilizados dois tipos de máquinas de mineração contínua: As perfuradoras aplicam cabeças de corte uniformes e possuem uma maior capacidade, apesar de cortarem apenas uma espessura de veio fixa e as perfuradoras de tambor têm cabeças de corte rotativas que cortam lateralmente contra a face e, apesar da sua menor capacidade, são mais capazes de se adaptar a espessuras variáveis (*Joestenet al.*, 1996).

2.4.2 Mineração de soluções

A extração por solução é utilizada quando as minas subterrâneas são muito profundas, têm depósitos irregulares ou ficaram inundadas e inviáveis. A principal razão para utilizar a mineração por solução baseia-se na espessura da mineralização, na presença de falhas e no mergulho dos leitos de potássio, uma vez que um mergulho excessivo pode limitar a recuperação (Mark, 2002). O registo de resistência em furos de sondagem também pode ser útil na deteção de salmouras salinas devido à elevada condutividade e à baixa resistência das salmouras salinas. Esta técnica tem sido utilizada em vários projectos de exploração recentes, em que o perfil de resistividade foi construído como parte do esforço de exploração (Houston, 2010). Na mineração por solução, a salmoura térmica, uma solução de água salgada, é injectada na mina e circulada para dissolver o potássio das paredes. Uma vez dissolvido o composto, uma bomba submersível transporta a solução para um tanque de evaporação, onde o líquido arrefece e os cristais de potássio e sal se depositam no fundo (Mark, 2002). Este potássio é eventualmente recolhido com dragas flutuantes e depois bombeado para um moinho para posterior processamento.

(http://www.potash1.ca/,http://en.wikipedia.org/wiki/post ash).

2.5 Importância da potassa para os seres humanos e os animais

2.5.1 Potássio e boa forma física

O potássio existe em abundância na natureza, sendo o elemento maisth comum na crosta terrestre (Greenwood *et al.1997')*. Uma dieta que contenha uma quantidade suficiente de potássio pode reduzir o risco de tensão arterial elevada e de acidente vascular cerebral. Uma diminuição da força muscular deve-se muitas vezes à falta deste mineral na dieta (Barbara *et al.*, 2008).

Uma quantidade suficiente de potássio na sua dieta ajuda a aliviar a sensação de ansiedade, irritabilidade e stress. Imagine que está tão cansado que mal consegue passar o dia. Os seus reflexos são lentos e os seus músculos estão fracos e frequentemente com cãibras. A depressão que o dominou não parece estar a desaparecer e sente-se frequentemente nauseado. Estes sinais indicam que o seu organismo tem um défice de potássio. É o terceiro mineral mais abundante no corpo e é essencial para a sua boa saúde (Barbara *et al.*, 2008).

Os alimentos ricos em potássio são responsáveis por uma série de benefícios para a saúde. Uma quantidade suficiente na dieta ajuda a manter os músculos fortes (incluindo o músculo mais trabalhador, o coração) e ajuda a controlar a pressão sanguínea e o equilíbrio da água nas células. Também ajuda a manter os impulsos nervosos a disparar na sua melhor forma e liberta energia das proteínas, gorduras e hidratos de carbono durante o metabolismo. Uma quantidade suficiente na dieta ajuda a proteger o corpo contra doenças cardíacas, hipoglicemia, diabetes, obesidade e doenças renais. Ajuda a manter os músculos fortes, os intestinos regulares e trabalha para eliminar a irritabilidade, a confusão e o stress. E pode ajudar a baixar a pressão arterial elevada, bem como a proteger contra a pressão, - aumentando as propriedades do sódio. O Conselho de Alimentação e Nutrição da Academia Nacional de Ciências sugere que a necessidade diária para homens e mulheres é de 2000-3 500mg (U.S. Food and Nutrition Board).

2.5.2 Utilizações da potassa

A potassa tem sido utilizada desde a antiguidade no fabrico de vidro, sabão e fertilizante do solo (Godfrey, 1975). A potassa é importante para a agricultura porque melhora a retenção de água, o rendimento, o valor nutritivo, o sabor, a cor, a textura e a resistência às doenças das culturas alimentares (Joseph, 2002). Tem uma vasta aplicação em frutas e legumes, arroz, trigo e outros cereais, açúcar, milho, soja, óleo de palma e algodão, que beneficiam das suas propriedades de melhoria da qualidade dos nutrientes (Joseph, 2002). A potassa tem três utilizações principais: fertilizante, suplemento alimentar para o gado e processos industriais. 95%

da potassa mundial é utilizada em fertilizantes, enquanto o restante é utilizado como suplemento alimentar e na produção industrial. Nos suplementos alimentares, a principal função do potássio é contribuir para o crescimento dos animais e para a produção de leite. A potassa é utilizada para fabricar um tipo especial de vidro; o silicato de potássio é utilizado como agente desidratante, é também utilizado para produzir pigmentos, tintas de impressão e sabão suave, para lavar lã em bruto, e como reagente de laboratório e aditivo alimentar de uso geral (Cameron, 2008). Tanto o cloreto de sódio como o cloreto de potássio são essenciais para o equilíbrio eletrolítico nos fluidos corporais; uma boa saúde depende da relação adequada entre os iões de potássio e os iões de sódio (*Joestene/ al.,* 1996).

2.6 Efeitos do sódio de potassa nos seres humanos

2.6.1 O sódio e as doenças cardiovasculares

Há 4000 anos que está documentado que a ingestão de sódio pode afetar a pressão arterial através de sinais para os músculos dos vasos sanguíneos que tentam manter a pressão arterial dentro de um intervalo adequado (Barbara *et al.,* 2008). Sabe-se também que uma minoria da população pode baixar a tensão arterial restringindo o sal da dieta. E sabemos que a pressão arterial elevada "hipertensão" é um marcador ou "fator de risco" bem documentado para eventos cardiovasculares como ataques cardíacos e AVC, um "assassino silencioso". Alguns sugeriram que, uma vez que a ingestão de sódio está relacionada com a tensão arterial e que o risco cardiovascular também está relacionado com a tensão arterial, o nível de ingestão de sal está certamente relacionado com o risco cardiovascular. Esta é a "hipótese do sal" ou "hipótese do sódio", sendo necessários dados para confirmar ou rejeitar a hipótese (Cutler, 1995).

A tensão arterial é um sinal, quando sobe (ou desce) e indica um problema de saúde subjacente. As alterações resultam de muitas variáveis, muitas vezes ainda mal compreendidas. A tensão arterial elevada é tratada com intervenções ao nível do estilo de vida, como a dieta e o exercício físico. Assim, até à década de 1990, os cientistas nunca tinham testado a "hipótese do sal", documentando se a redução do sal na dieta reduz efetivamente as hipóteses de uma pessoa ter um ataque cardíaco ou um AVC. Nos primeiros sete estudos de "resultados para a saúde" sobre a redução do sódio, nem um único estudo encontrou uma associação na população em geral entre uma dieta pobre em sódio e a redução da incidência de eventos cardiovasculares, como acidentes vasculares cerebrais ou ataques cardíacos (Cutler, 1995).

(i) Um estudo de oito anos de uma população hipertensa da cidade de Nova Iorque, estratificada em função do nível de ingestão de sódio, revelou que aqueles que seguiam uma dieta pobre em sal tinham mais de quatro vezes mais ataques cardíacos do que aqueles que seguiam uma dieta normal em sódio - exatamente o oposto do que a "hipótese do sal" teria previsto (Cutler, 1995).

(ii) Uma análise efectuada pelo Dr. Jeffery R. Cutler, do NHLBI, dos dados dos primeiros seis anos da base de dados do MRFIT, não documentou quaisquer benefícios para a saúde das dietas com baixo teor de sódio. (Cutler, 1995)

(iii) Um estudo de acompanhamento de dez anos do enorme estudo escocês sobre a saúde do coração não encontrou melhores resultados em termos de saúde para as pessoas que seguem dietas com baixo teor de sal (Cutler, 1995)

(iv) Uma análise dos resultados de saúde ao longo de vinte anos das pessoas em

O inquérito maciço National Health and Nutrition Examination Survey (NHANES 1) dos EUA documentou uma incidência 20% superior de ataques cardíacos entre as pessoas que seguiam uma dieta pobre em sal em comparação com uma dieta normal em sal (Cutler, 1995).

(v) Um estudo sobre os resultados em termos de saúde realizado na Finlândia comunicou à Associação Africana do Coração que não foi possível identificar quaisquer benefícios para a saúde e concluiu que "os nossos resultados não apoiam as recomendações para toda a população no sentido de reduzir a ingestão de sódio na alimentação para prevenir doenças coronárias". (Cutler, 1995).

(vi) Uma nova análise da base de dados do MRFIT, desta vez utilizando dados de catorze anos, confirmou que as dietas com baixo teor de sódio não trazem benefícios para a saúde. O seu autor admitiu que "não se observou qualquer relação entre o sódio da dieta e a mortalidade". (Cutler, 1995).

(vii) Um estudo realizado com americanos concluiu que as dietas ricas em sódio reduziam efetivamente a mortalidade cardiovascular de um subgrupo da população, os homens com excesso de peso - o artigo que relatava a descoberta não explicava porque é que este grupo de obesos consumia efetivamente menos sódio do que os indivíduos com peso normal no estudo (Cutler, 1995).

2.7 Técnicas de instrumentação analítica

2.7.1 Espectroscopia de emissão de chama

O princípio da fotometria de chama foi discutido por diferentes autores como Christian (2007), Ogugbuaja (1995), Goltenman (1996) e Harvey (2006). O princípio principal da fotometria de chama é a emissão de radiação quando os átomos são excitados para um nível de energia mais elevado. A radiação emitida corresponde à concentração do elemento na amostra. De acordo com Mark plank, os átomos têm energias discretas e podem absorver ou emitir energia numa unidade discreta. Este facto leva à formulação da equação de Planks

$$E = hv = \frac{hc}{\lambda} \quad \text{.......................................(i)}$$

Onde h é a constante de Plank, E é a energia, v é a frequência, c é a velocidade da luz (*Skooget al,* 2004). A intensidade da emissão é diretamente proporcional à concentração da substância a analisar na solução aspirada. Assim, é preparada uma curva de calibração da intensidade de emissão em função da concentração. A reação lateral na chama pode diminuir a população de átomos livres e, consequentemente, o sinal de emissão. A fotometria de chama foi considerada particularmente conveniente para a determinação de metais alcalinos e alcalino-terrosos. A chama é difícil quando o método húmido é a única opção disponível devido à emissão de outros iões (*Goltenmanet al.*, 1978).

A chama deve ser mais quente em emissão atómica do que para o mesmo elemento em absorção atómica, porque a maior fração possível do átomo vaporizado deve ser energeticamente excitada, em vez de uma simples dissociação (Havey, 2006). O queimador utilizado na fotometria de chama é geralmente do tipo conhecido como queimador de consumo total. A amostra é aspirada para a chama pelo combustível ou pelo oxidante, mas os gases não são pré-misturados (Galen, 1975).

A potência da radiação da chama de um comprimento de onda caraterístico de elementos específicos é considerada muito estreitamente proporcional à concentração do metal, se for feita uma correção de fundo (Harris, 2007).

A luminosidade de fundo é causada, em grande parte, pela presença de outros metais, uma vez que, em geral, cada ação excitável emitirá alguma radiação numa vasta região espetral, mesmo a uma distância considerável das suas linhas de descrição. Qualquer dispersão no monocromático ou no fotómetro também contribuirá. No fotómetro de chama com filtro, a correção é geralmente feita numa base empírica (Galen, 1975). A emissão atómica da amostra é separada no seu comprimento de onda constituinte pelo dispositivo de isolamento do comprimento de onda. Esta separação pode ter lugar num monocromador ou num policromador (*Skooget al.*, 2004). O fotómetro de chama utiliza um monocromador que isola um comprimento de onda de cada vez numa única fenda de saída. A radiação isolada é convertida em sinais eléctricos por um único transdutor ou por uma matriz de detectores. O sinal elétrico é então processado e fornecido como entrada para o sistema informático. (*Skooget al.*, 2004).

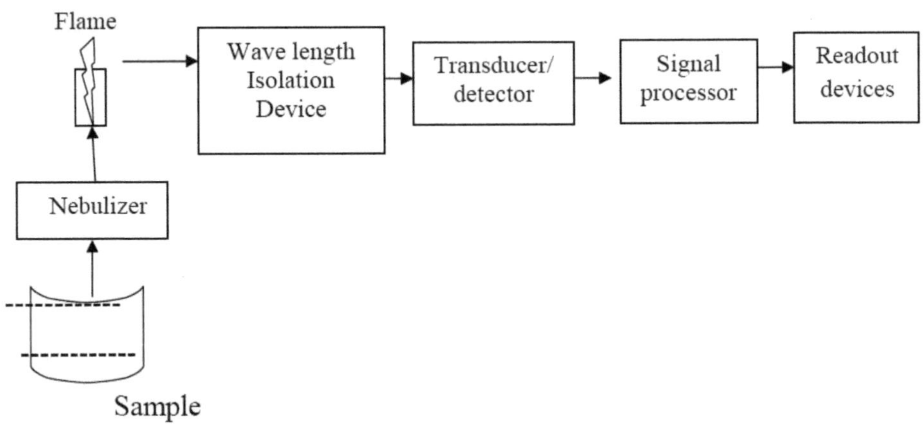

Figura 2.1 Diagrama de blocos do fotómetro de chama

Tabela 2.3Condições de trabalho da análise de chama

Elementos analisados	comprimento de onda	gama de trabalho
Potássio	766,5nm	0-10mmol/l
Sódio	589.0	120-160mmol/l

Fonte: (*Menhamet al,* 2006)

2.7.2 Espectroscopia de Absorção Atómica

Os princípios da AAS foram descritos por muitos autores (Skoog e West, 1980; Harvey, 2006; *Menhamet al.,* 2006; Christian, 2007; e Ogugbuaja, 1995). O princípio principal da espetroscopia de absorção atómica é a absorção de radiação quando os átomos são

excitados para um nível de energia mais elevado. A absorção da radiação pelos átomos corresponde à concentração do elemento na amostra. Apenas os átomos de determinados elementos absorverão fotões com o comprimento de onda que lhes é caraterístico (Lawrence, 2000). De acordo com a lei de Beer, a absorvância é diretamente proporcional à concentração do meio absorvente A = abC onde, a é uma constante de proporcionalidade chamada absortividade da substância, b é o comprimento de percurso e C é a concentração.

A= Log P_o / P = Log abC (*Skooget al.,* 2004). ------------ (ii)

A fonte de radiação mais útil para a espetroscopia de absorção atómica é a lâmpada de cátodo Hallow, que consiste num ânodo de tungsténio e num cátodo cilíndrico selado num tubo de vidro que contém um gás inerte, como o árgon, a uma pressão de 1-5 torr (Harris, 2007). O cátodo é fabricado a partir da substância a analisar ou serve de suporte para um revestimento desse metal. A aplicação de cerca de 300 V sobre os eléctrodos provoca a ionização do árgon e a geração de uma corrente de 5 a 10 mA, à medida que os catiões do árgon e os electrões migram para os dois eléctrodos. Os catiões de árgon atingem o cátodo com energia suficiente para deslocar alguns dos átomos metálicos, produzindo assim uma nuvem atómica através de um processo designado por pulverização catódica (Harris, 2007). Alguns dos átomos metálicos pulverizados encontram-se num estado excitado e emitem o seu comprimento de onda caraterístico quando regressam ao estado fundamental (Skoog *etal.,* 2004). Os átomos que produzem linhas de emissão na lâmpada encontram-se a uma temperatura e pressão significativamente inferiores às dos átomos da substância a analisar na chama. Assim, as linhas de emissão da lâmpada são menos alargadas do que o pico de absorção na chama. Os átomos metálicos pulverizados difundem-se eventualmente de volta para a superfície do cátodo ou para as paredes da lâmpada e depositam-se (*Skooge/ al.,* 2004).

As lâmpadas de descarga sem eléctrodos são também uma fonte útil de espectros de linhas atómicas. Estas lâmpadas são frequentemente uma a duas ordens de grandeza mais intensas do que as lâmpadas de cátodo oco. A lâmpada é construída a partir de um tubo de quartzo selado contendo um gás inerte, como o árgon, a uma pressão de alguns torr e uma pequena quantidade do metal a analisar ou do seu sal (Havey, 2006). A lâmpada não contém eléctrodos, mas é energizada por um campo intenso de radiofrequência ou radiação de micro-ondas (Oliver, 1992). O árgon solida-se no campo e os iões são acelerados pela componente de alta frequência do campo até ganharem energia suficiente para excitar (por colisão) o átomo do metal cujo espetro é procurado (*Skooge/ al.*, 2004).

Na medição da absorção atómica, a radiação do actomizador é eliminada pelo monocromador que está sempre localizado entre o atomizador e o detetor. O efeito da emissão do analito é reduzido pela modulação da saída da lâmpada de cátodo oco, de modo que a sua intensidade flutue numa frequência constante (Harris, 2007). O detetor recebe assim um sinal alternado da lâmpada de cátodo oco e um sinal contínuo da chama e converte estes sinais no tipo de corrente eléctrica correspondente. O sistema eletrónico elimina o sinal dc não modulado produzido pela chama e passa o sinal ac da fonte para um amplificador e, finalmente, para o dispositivo de leitura (*Skooge/ al.,* 2004).

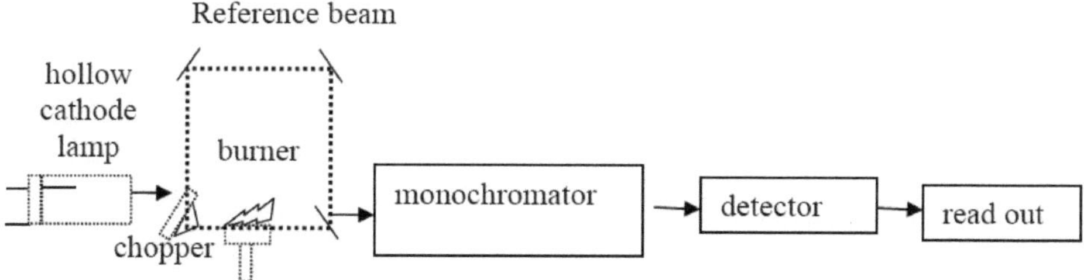

Figura2.2 Diagrama esquemático do espetrofotómetro de absorção atómica

Tabela 2.4 Elementos analisados com o espetrofotómetro de absorção atómica e condições de funcionamento

Elements	Wavelength	Working range
Calcium	422.7nm	0.05-6.0ppm
Magnesium	285.2nm	0.005-1.50ppm

Fonte: (Mendham *et al.*, 2006)

CAPÍTULO 3

MATERIAIS E MÉTODO

3.1 Materiais necessários

3.1.1 Instrumentos/aparelhos

Balança analítica, espetrofotómetro de absorção atómica Buck Scientific 210VGP e fotómetro de chama PFP7.

Os materiais utilizados para a análise incluíram os seguintes: material de vidro de laboratório, papel de filtro Whatman n.º 42, espátula, almofariz, pistola e placa de aquecimento biomega H4000- HS.

3.1.2 Produtos químicos/reagentes

60% $HClO_4$, H_2SO_4 SG:1.84, HNO_3 SG:1.42, NaCl, KCl, $MgCl_2 .6H_2O$, $CaCl_2$, e água destilada.

3.2 Área de estudo

O Estado de Yobe situa-se entre a latitude 12°00N e a longitude 11°30'E. Na parte ocidental, faz fronteira com os Estados de Jigawa e Bauchi, com o Estado de Gombe na parte sul e com o Estado de Borno na parte oriental (Figura 3.1). Yusufari situa-se entre a latitude 13°04'06" N e a longitude 11°10'33" E, com uma altitude de 305 m e uma área de 3.928 km^2 . A área do Governo Local onde as amostras de potássio foram obtidas situa-se em Yusufari (Figura 3.2).

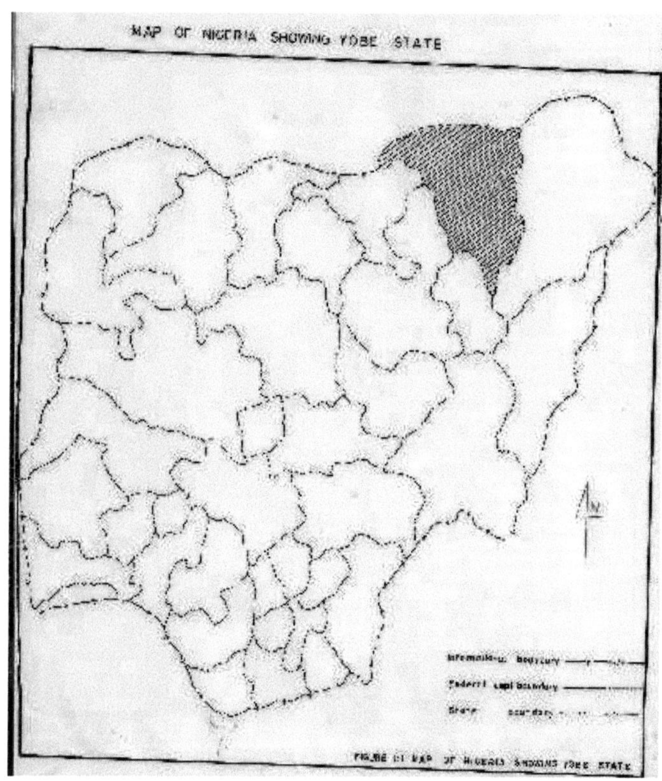

Fig 3.1 Mapa da Nigéria mostrando o Estado de Yobe.

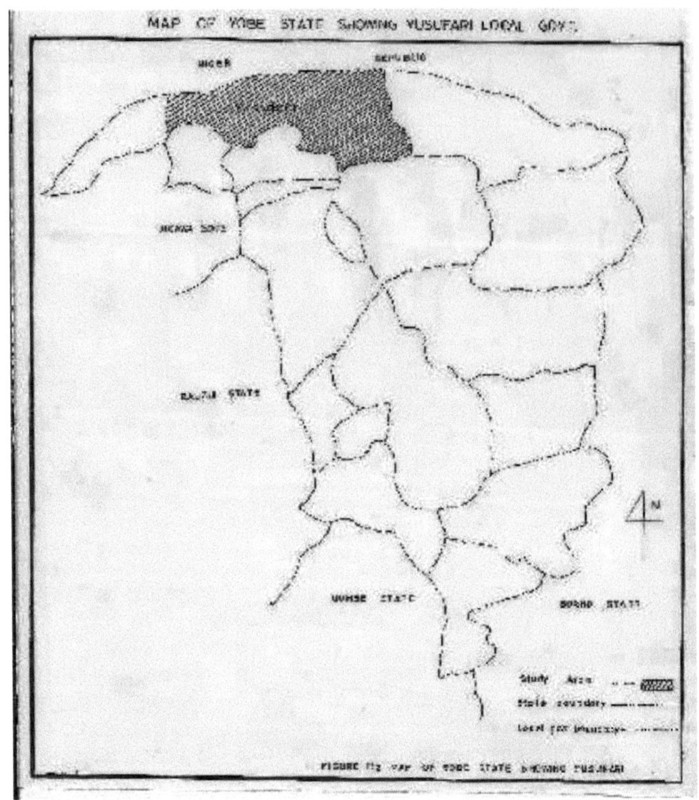

Fig 3.2 Mapa do Estado de Yobe mostrando YusufariLGA

3.3 Amostragem e preparação de amostras

3.3.1 Amostragem

F igura 3.3 mostra o mapa da área do governo local de Yusufari, no Estado de Yobe, onde as amostras foram recolhidas. As amostras foram recolhidas em nove locais de amostragem. As áreas onde as amostras foram recolhidas incluem Madukuri, Kotufa e Kirba. A amostragem de potássio foi efectuada segundo o método descrito por Crosby e Patel (1995). As amostras foram todas expostas à superfície no local de amostragem. A parte superior da amostra foi cinzelada para expor um novo ponto de amostragem. Em cada ponto de amostragem, foram escolhidos três locais ao acaso. Estes locais foram cinzelados para obter amostras que foram misturadas para obter uma amostra bruta pesando cerca de 1 kg

3.3.2 Preparação das amostras

As amostras foram preparadas de acordo com o método descrito por Posypaiko e Vasina (1984). As amostras foram secas ao ar no laboratório e esmagadas em partículas mais pequenas com um martelo. A amostra bruta, com cerca de 1 kg, foi misturada, triturada e cortada em quartos para obter uma amostra representativa com cerca de 100 g. Esta foi armazenada em polipropileno e colocada no frigorífico. Esta foi armazenada em garrafas de polipropileno para determinações analíticas subsequentes.

3. 4 Digestão da amostra

A digestão da amostra foi efectuada de acordo com os requisitos para a determinação dos elementos por espetrometria de absorção atómica e espetrometria de emissão de chama (FES). O método de digestão foi descrito por Ibitoye (2005). Pesaram-se 5 g de amostra em pó para um balão de 12 ml. Adicionaram-se 4mL de ácido perclórico, 25mL de ácido nítrico e 2mL de ácido sulfúrico, sob uma hotte. O conteúdo foi misturado e aquecido suavemente numa placa de aquecimento sob uma hotte. Deixou-se arrefecer e adicionaram-se 50 ml de água destilada. A solução foi arrefecida e filtrada para um balão volumétrico de pirex de 100 ml e completada com água destilada, agitada até à marca para obter uma solução. As soluções foram então guardadas para a determinação dos elementos utilizando o fotómetro de chama e o espetrofotómetro de absorção atómica.

3.5 Preparação de soluções padrão para calibração

Foram preparadas soluções padrão de Na, K, Mg e Ca para a calibração dos instrumentos. Os sais de Na e K foram utilizados para a calibração do fotómetro de chama, enquanto que os sais dos outros elementos foram utilizados para a calibração do espetrofotómetro de absorção atómica.

(a) 1000 ppm de sódio

A solução padrão de sódio foi preparada com cloreto de sódio. Pesaram-se 2,52 g de NaCl em balança analítica e dissolveram-se em balão volumétrico de 1000 cm^3 , completando o volume com água destilada (A.O.A.C,1970).

(b) 1000 ppm de potássio

A solução padrão de potássio foi preparada utilizando cloreto de potássio.

Pesou-se 1,89 g de KCl numa balança analítica e dissolveu-se num balão volumétrico de 1000 cm^3 , completando o volume com água destilada (A.O.A.C,1970).

(c) 1000 ppm de magnésio

A solução padrão de magnésio foi preparada utilizando cloreto de magnésio hidratado.8,20g de $MgCl_2$ .6H_2O was medido usando balança analítica e dissolvido num balão volumétrico de 1000 cm^3 , completando o volume com água destilada.

(f) 1000 ppm de cálcio

A solução padrão de cálcio foi preparada utilizando cloreto de cálcio. Pesaram-se 2,49 g de $CaCl_2$ com uma balança analítica e dissolveram-se num balão volumétrico de 1000 cm^3 , completando o volume com água destilada

3.5.1 Diluição em série

A partir das soluções-mãe padrão preparadas, foram preparadas várias soluções de trabalho para cada sal por diluição em série, de acordo com a expressão abaixo:

$C_1V_1 = C_2V_2$ em que

C_1 = concentração da solução de reserva (1000ppm)

V_1 = volume da solução-mãe a tomar

C_2 = concentração final

V_2 = volume final

3.6 Determinação de Na e K com fotómetro de chama

O procedimento adotado foi o de *Goltenmanet al.(1996).*

O fotómetro de chama foi ajustado de acordo com o manual de instruções.

A leitura do instrumento foi calibrada utilizando as soluções padrão. A leitura do aparelho foi regulada para 100% de emissão enquanto se aspirava a concentração máxima do padrão. Regista-se a percentagem de emissão de todas as soluções-padrão intermédias e traça-se uma curva de calibração. Aspiram-se as soluções das amostras e obtém-se a leitura. A concentração da amostra foi obtida através do padrão utilizando o cálculo pelo método dos mínimos quadrados, apêndice II. A concentração obtida em ppm foi convertida em mg/kg para cada elemento através da fórmula.

$$\mathbf{mg/kg} = \frac{\mathbf{ppm \times V}}{\mathbf{W}}$$

Em que V = volume da amostra digerida, em cm^3

W = peso da amostra em gramas.

3.7 Determinação de elementos com o espetrofotómetro de absorção atómica

O procedimento adotado foi o de *Mendhamet al.* (2007).

O espetrofotómetro de absorção atómica Buck Scientific 210 VGP foi verificado quanto ao seu bom estado de funcionamento. Foi selecionada e fixada uma lâmpada catódica para cada metal. O instrumento foi ligado e deixado a aquecer durante 10 minutos para estabilizar. O ar e o acetileno foram utilizados como oxidante e combustível, respetivamente. Selecionou-se a corrente e o comprimento de onda da linha de ressonância para cada metal e ajustou-se o sistema de controlo do gás de modo a obter uma chama rica em combustível. Utilizou-se água destilada como branco e o instrumento foi regulado para leitura zero. As soluções-padrão preparadas foram aspiradas por ordem decrescente de concentração, seguidas de aspiração de água destilada. A absorvância dos padrões foi utilizada para a construção de curvas de calibração. As soluções de amostras desconhecidas foram lidas quanto à absorvância no ecrã do AAS após o ajuste do instrumento para as soluções de calibração. Em seguida, a concentração da amostra foi obtida em ppm por cálculo utilizando o método dos mínimos quadrados, apêndice II. As concentrações obtidas em ppm foram depois convertidas em mg/kg para cada elemento utilizando a fórmula.

$$\mathbf{mg/kg} = \frac{\mathbf{ppm \times V}}{\mathbf{W}}$$

onde

V = volume da amostra digerida, em cm^3

W = peso da amostra em gramas.

CAPÍTULO 4

RESULTADOS E DISCUSSÃO

4.1 Elementos Essenciais Composição de Potássio em Diferentes Localizações

Nas Tabelas 4.1 - 4.3 são apresentados os resultados médios para os elementos essenciais K, Na, Ca e Mg em potássio em diferentes áreas

Tabela 4.1; Concentrações médias (mg/kg) de elementos essenciais em potassa em Madukuri.

		EssentialElements (mg/kg)			
Area	Sample Locations	K	Na	Ca	Mg
Madukuri	A	18035±2.2 (0.012)	5368±1.3 (0.024)	544±0.9 (0.17)	53.4±0.8 (1.50)
	B	10869±2.9 (0.027)	3800±1.8 (0.047)	885±1.1 (0.12)	57.5±0.7 (0.012)
	C	9625±2.5 (0.026)	3751±1.6 (0.043)	660±1.2 (0.18)	58.5±0.5 (0.85)

Cada valor é a média de três determinações ± S.D

Cada valor entre parênteses é o coeficiente de variação CV%

S.D é o desvio padrão

A- Madukuri do Norte

B- Central Madukuri

C- Madukuri do Sul

Tabela 4.2; Concentrações médias (mg/kg) de elementos essenciais na potassa em Kotufa.

Area	Sample Locations	K	Na	Ca	Mg
		Essential Elements (mg/kg)			
Kotufa	D	10827±2.8	3912±1.8	933±1.5	58.4±0.3
		(0.029)	(0.046)	(0.16)	(0.51)
	E	8855±1.5	3625±1.9	838±1.8	58.8±0.2
		(0.017)	(0.052)	(0.21)	(0.34)
	F	12493±3.1	3822±2.1	448±1.7	57.4±0.05
(0.025)		(0.055)	(0.38)	(0.09)	

Cada valor é a média de três determinações ± S.D

Cada valor entre parênteses é o coeficiente de variação CV%

S.D é o desvio padrão

D- Kotufa do Norte

E- Central Kotufa

F- Kotufa do Sul

Tabela 4.3 Concentrações médias (mg/kg) de elementos essenciais na potassa em Kirba.

Area	Sample Locations	K	Na	Ca	Mg
		Essential Elements (mg/kg)			
Kirba	G	25436±3.2	5535±3.2	828±1.4	54.4±0.6
		(0.013)	(0.058)	(0.17)	(1.10)
	H	11604±3.4	3659±1.9	603±1.4	58.3±0.9
(0.029)	(0.052)	(0.23)	(1.54)		
	I	11472±2.9	3535±2.1	765±1.7	57.6±0.2
(0.025)	(0.059)	(0.22)	(0.35)		

Cada valor é a média de três determinações ± S.D

Cada valor entre parênteses é o coeficiente de variação CV% S.D é o desvio padrão

G- Kirba do Norte

H- Kirba Central

I- Kirba do Sul

Os resultados da análise foram tratados usando diferentes ferramentas estatísticas, tais como a média, o desvio padrão e o coeficiente de variação para analisar os dados. O potássio e o sódio estavam altamente concentrados em todas as áreas (Madukuri, Kotufa e Kirba) em comparação com o Ca e o Mg. No entanto, o K é muito mais elevado do que o Na em todas as áreas e em todos os locais, o que está de acordo com o trabalho relatado em (CanadianEncyclopedia,2000). Os níveis de K mostraram estes valores; Madukuri (9625 a 18035 mg/kg), Kotufa mostrou (10827 a 12493 mg/kg) e Kirba mostrou (11472 a 25436 mg/kg) com o CV% variando como se segue; Madukuri (0.012 a 0.027%), Kotufa (0.017 a 0.029%) e Kirba (0.013 a 0.029%) para as Tabelas 4.1, 4.2, e 4.3 respetivamente. Isto mostrou que não há muitas variações na concentração média de K em cada local porque o depósito mostra a mesma caraterística mineralógica como relatado por (*Kovalevichel al.,* 1997). Os níveis de Na nas diferentes áreas são; Madukuri (3751 a 5368 mg/kg), Kotufa (3625 a 3912 mg/kg) e Kirba (3535 a 5535 mg/kg)com o CV% variando; Madukari (0.024 a 0.047%), Kotufa (0.046 a 0.055%) e Kirba (0.052 a 0.059%) para as Tabelas 4.1, 4.2, e 4.3 respetivamente. Isto mostrou que não há muita variação entre as concentrações médias de Na em todos os locais. O elemento essencial Na apresentou uma concentração significativa em todos os locais porque os depósitos de salmoura contendo potássio contêm componentes como carbonato de sódio e sulfato de sódio, o que pode contribuir para o nível mais elevado de Na no potássio, conforme relatado por (Erickson e Salas, 1989; Casas *et al.,* 1992).

O cálcio e o magnésio, que são os componentes essenciais seguintes, têm concentrações muito mais baixas do que os elementos essenciais K e Na em todas as áreas e em todos os locais. No entanto, a concentração de Ca é muito mais elevada do que a de Mg em todas as áreas e locais estudados. Os níveis de Ca em diferentes áreas mostraram que a concentração variava da seguinte forma: Madukuri (554 a 885 mg/kg), Kotufa (448 a 933 mg/kg) e Kirba (603 a 828 mg/kg) com o CV% que variava; Madukuri (0,12 a 0,18%), Kotufa (0,16 a 0,38%) e Kirba (0,17 a 0,23%) para os Quadros 4.1, 4.2 e 4.3 respetivamente. Isto mostra que não há muita variação entre a concentração média de Ca em todos os locais. Existe uma ligação entre o $MgSO_4$ potassa e o $CaCl_2$ salmoura em bacias rift magneticamente activas que causaram a acumulação destes componentes, tal como referido por Stefansson e Bjornsson (1982). Para o Mg os níveis são; Madukuri (53.4 a 58.5 mg/kg), Kotufa (57.4 a 58.8 mg/kg) e Kirba (54.4 a 58.3 mg/kg) com o CV% que variou como se segue; Madukuri (0.012 a 1.5%)Kotufa (0.09 a 0.51%) e Kirba (0.35 a 1.54%) para as Tabelas 4.1, 4.O nível elementar de Mg também é típico de muitas salmouras de bacias fechadas, conforme relatado por (Orris, 1997). O conteúdo de elementos essenciais mostrou a dominância de K em todos os locais e áreas estudadas, enquanto o Mg teve os valores mais baixos. O principal componente do potássio foi o K, o que pode ser atribuído ao facto de os componentes mais abundantes do potássio, como o cloreto de potássio e o óxido de potássio em Yusufari L.G.A., serem semelhantes ao depósito do Canadá ocidental e da bacia de Qaidam, tal como referido por (Wang *et al,* 2005). O depósito de potássio em Yusufari L.G.A contém uma quantidade elevada de K, o principal elemento para a produção de fertilizantes à base de potássio, tal como referido por (Dennis, 2006). A partir dos resultados, pode-se concluir que os níveis dos componentes essenciais estão na ordem decrescente de K >> Na >>Ca> Mg.

4.2 Comparação de elementos essenciais em diferentes áreas

A figura 4.1 resume a comparação dos elementos essenciais K e Na nas diferentes áreas. Esta figura confirma que os níveis de K eram muito significativamente mais elevados em todas as áreas (Madukuri, Kotufa e Kirba) em comparação com Na. (Figura 4.2) resume a comparação dos elementos essenciais Ca e Mg em diferentes áreas (Madukuri, Kotufa e Kirba). Esta figura também confirma que os níveis de Ca foram significativamente muito mais elevados em comparação com o Mg em todas as áreas (Madukuri, Kotufa e Kirba) e em todos os locais estudados

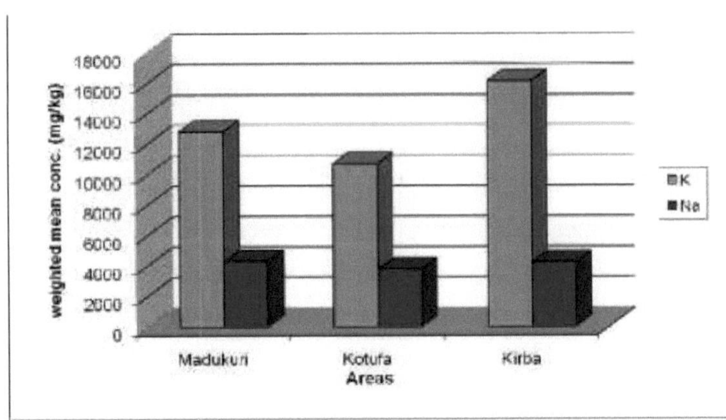

Figura 4.1; Comparação de K e Na em diferentes áreas

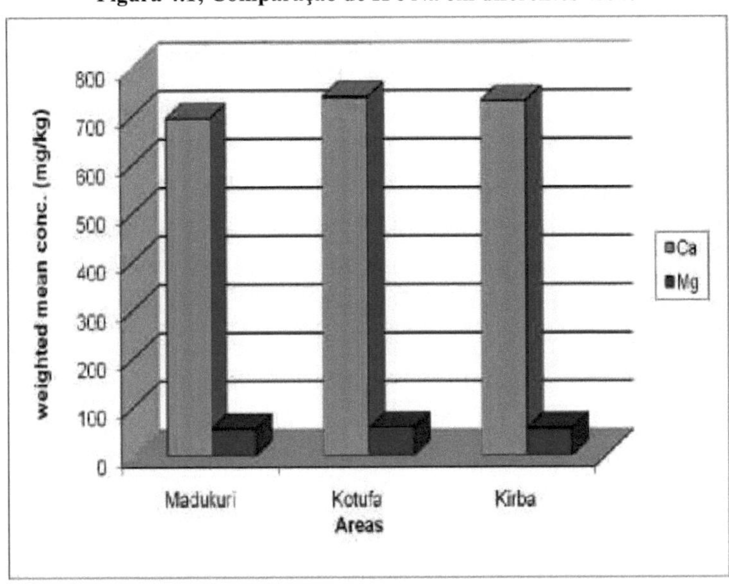

Figura 4.2; Comparação de Ca e Mg em diferentes áreas

CAPÍTULO 5

CONCLUSÃO E RECOMENDAÇÃO

5.1 Conclusão

Os elementos determinados na potassa foram os elementos essenciais K, Na, Ca e Mg. Foram tiradas as seguintes conclusões;

(i) Os elementos essenciais K e Na foram encontrados em níveis elevados em todas as áreas e localizações. Os níveis de K eram muito mais elevados do que os de Na em todas as áreas e localizações.

(ii) Os níveis de Ca e Mg eram muito inferiores aos de K e Na, mas os níveis de Ca eram muito mais elevados do que os de Mg em todas as zonas e locais.

(iii) A ordem de concentração dos elementos essenciais é a seguinte: K >> Na >>Ca> Mg.

5.2 Recomendações

Após a realização destes estudos sobre a composição elementar do depósito de potassa encontrado na Área do Governo Local de Yusufari do Estado de Yobe, no nordeste da Nigéria, os resultados mostraram que a potassa continha alguns suplementos minerais essenciais (Na K, Mg e Ca). Por conseguinte, recomendo que, se for processada para reduzir o nível de alguns contaminantes, a potassa pode ser utilizada como fonte de suplemento mineral para seres humanos e animais.

Este estudo também demonstrou que o depósito de potássio na Área do Governo Local de Yusufari continha uma quantidade elevada de potássio, pelo que pode ser utilizado como fonte de potássio no fabrico de fertilizantes potássicos, o que pode aumentar a produção agrícola. Além disso, o depósito de potássio na Área de Governo Local de Yusufari do Estado de Yobe, no nordeste da Nigéria, pode ser explorado para fins industriais, para a produção de vidro e sabão. O silicato de potássio, obtido a partir da potassa, é utilizado como agente desidratante, para produzir pigmentos, tintas de impressão, sabão mole e como reagente de laboratório, pelo que recomendo que a potassa abundante no Nordeste da Nigéria possa ser utilizada para vários fins industriais.

Recomendo também que o Conselho de Investigação e Desenvolvimento de Matérias-Primas (RMRDC) e o Ministério do Desenvolvimento de Minerais Sólidos envidem esforços para explorar o potássio na Área Governamental Local de Yusufari do Estado de Yobe, Nigéria. Por último, recomendo a realização de mais investigação para determinar outros componentes, como os metais pesados, que poderiam revelar alguma poluição nos depósitos de potássio.

5.3 Contribuição para o conhecimento

A potassa é extraída localmente para consumo humano e suplemento alimentar animal por muitas pessoas em redor da Área de Governo Local de Yusufari do Estado de Yobe, na Nigéria, sem saberem o que esta potassa contém. Este estudo revelou as concentrações de alguns elementos essenciais presentes no potássio, o que orientará as pessoas e lhes dará mais conhecimentos sobre a composição de alguns elementos essenciais nos depósitos de potássio em redor das áreas. Este estudo também fornece mais conhecimentos sobre as utilizações importantes de instrumentos analíticos como o fotómetro de chama e o espetrofotómetro de absorção atómica na determinação da composição elementar de depósitos de potássio noutros locais.

REFERÊNCIAS

A.O.A.C International (2002). Official Method of Analysis of AOAC Internal Vol. II 17th edition.

A.O.A.C International (2002) Official Method of Analysis of AOAC Internal Vol. II 11th edition.

Adetunji, A . R. Siyanbola W. O. Funtua, I. I. Olunsunde S. O. O. Afonja, A. A. e Adewoye O. O. (2005). Assessment of Beneficiation Routes of Tantaliteores from key location in Nigeria (Avaliação das Rotas de Beneficiação de Tantalitos de localizações chave na Nigéria). *Journal of Mineral and Material Characterization and Engineering* 4(2): 67-73

Alanso, H. and Risacher, F. (1996).Geoquimica del Salar de Atacama, Parte 1 Origen De Los Components Balance Salino: ReristaGeologica dechile, Vol 23 no 2, PP113-122.

Aliyu A. (1996). Potential of Solid Mineral Industries in Nigeria (Potencial das indústrias de minerais sólidos na Nigéria). RMRDC Lecture Series Abuja, Nigéria pp 60 - 70.

Association of Official Analytical Chemist (A.O.A.C) (1970). Official Method of Analysis, Ed11, Washinton D.C.

Barbara, H. D e Peter F.(2008). Água e Sal - A Essência da VidaPp 1:2: & 4

Bodine, M.W (1978). Assembléias de minerais de argila de brocas de minérios de OchoanEvaporites. Eddy Country, Novo México PP 21-31.

Borchert, H. (1977). On the Formation of Lower Crefaceous potassium salt and tachyhydrite in the Sergipe Basin (Brazil) with some Remarks on SimilarOccurance in West Africa (Gabon, Angola e.t.c). H.J. Schneidier e D.D Klemmad (eds). Nova Iorque; Springerverlage, PP94-111.

Bryant, R.G, Sellwood B.W; Millinton, A.C; e Drake, N.A (1994). Marine-likePotash Evaporite Formation on a continental playa- case study from chatt el Djerid,Southern Tunisia Sedimentary Geology, Vol. 90, no 3-4 pp.269-291.

Cameron, F. (2008).Potash: The New Gold Rush" Globe and Mail. P 1:6

Carmona, V. Pueyo, J.J, Taberner, C.hong, G. Thirl wall, Ni. (2000). Entradas de soluto em TheSalar de Atacama (N.Chike): *Journal of Geochemical Exploration.* Vol.69-70, PP.449-452.

Enciclopédia Canadiana. (2000). Reserva Canadiana de Potássio

Casas, E., Lowengtein, T.K., Spencer, R.J., e Zhang, P.(1992). Carnalita. Mineralização na Bacia de Qaidan, não marinha, China - Evidência de origem diagenética precoce de evaporitos de potássio: *Journal of Sedimentary Petrology,* Vol. 62, No. 5, pp. 881-898.

Crosby, N.T. andPatel, I. (1995). General Principles of Good SamplingPractice.The Royal Society of Chemistry. Tedding, pp 1-17

Christian, G.D. (2007). Analytical Chemistry 6th ed. John Willey and sons (Asia) Pte Ltd Singapura PP-294- 308, 446-454, 523. Cutler J.R (1995). Different Antihypertensive Regines Despite Similar Efficacy in Lowering Blood Pressure have Other Beneficial or Harmful Effects. *Journal of U.S National Heart, Lung and Blood Institute* 4(2): 10-13

Dennis, K. (2006). Potash Mineral Hand Book. United State Geological survey P. 1-58.

Duan, Z. e Hu, W. (2001). A Acumulação de Potássio numa Bacia Continental - O exemplo do Lago Salino de Qarham, Bacia de Qaidan, Oeste da China: *European Journalof Mineralogy;* Vol. 13-p-1223-1233.

Erickson, G.E e Salas, O.R. (1989). Geology and Resources of Salars in the Central Andes, In Erickson, G.E., Canas Pinochet, M.T. e Reinemund, J.A., eds. Geology of the Andies and its relation to Hydrocarbon and Mineral Resources: Houston, Texas, Circum- Pacific Council for Energy and Mineral Resources pp. 151-164.

Norma da União Europeia (2001): Fixação de teores máximos de certos contaminantes nos géneros alimentícios. *Jornal da Comunidade Europeia (CE)* n.º 466.

Galen N.A. (1975).Método Instrumental de Análise Química pp 170, 171.

Garrett, D.E. (1996). Potash - Deposits Processing, Properties and Uses: NewYork, Chapman and Hall, pp.734.

Godfrey, E.S. (1975). The Development of English Glass Marking Chapel

Hill: Universidade da Carolina do NortePp1560 - 1650.

Goltenman, H.I, Clymo, R.S e Ohnstand, M.A.N, (1978). Methods for Physical and Chemical Analysis of fresh water (2nd ed.) Black Science London, pp88.

Greenwood, N.N. e Alan, E. (1997). Chemistry of Elements (2ed.). Oxford: Butterworth Heinmann Pp. 69

Hallbert, S. (1997) Weapons and Warfare in Renaissance Europe: Gunpowder, Technology, and Tactics. Baltimore: Johns Hopkins University press.

Harris D.C. (2007). Quantitative Chemical Analysis. Sétima edição W.H Freman and company New York. Pp. 250-255

Harvey, D. (2006). Modern Analytical Chemistry (1st ed.) McGraw Hill CompaniesInc, New York PP. 412441, 508-533

Hoffman, R. (1988). The Economy of Early America: The Revolutionary period, 1763-1790. Charlottesville: University Press ofVirginia.Pp 9.

Hollerman, A. F.,Wiberg, E. e Nils, W. (1985). "potássio" (em alemão). LehrbuchderAnorganichenCheme (91-100 ed.). Walter degruyter. ISBN P 3:11

Houston,J. (2010) Relatório Técnico sobre o Projeto Cauchari, Província de Jujuy, Argentina - Relatório NI 43-101 preparado para a Ovocobre Ltd: Muton, Queensland, Orocobre Ltd. Pp.70. http ://minerals.usgs .gov/minerals/pubs/commodity/potash/http://www.reportonbusiness.com/s ervl et/story/RTGAM.20080613WPotash01613/BN tory /energy/cid=al gam mostemacl. Recuperado em 2008 -0601.

http://www.answers.com/topic/Potashhttp://www-Salt-lamps.com/salt.html http://www.nutridirect.co.uk/natural-salt.htm/http://en.wikipedia.org/wiki/Potash

http ://www.imfomine .com.chartsanddata/chartbuild er.aspxhttp://www.myhorse.com/health/supplements /processal salt and natural Salt.

http://minerals.usgs.gov./minerals/Pubs/Commodity /potash/

Ibitoye,A.A (2005).Laboratory Manual on Basic Method in Plant

Analysis.Department of Crop, Soil and Pest Management FUTA Nigeria PP-48.

Jansinki; S.M, (2011). Potash, em Mineral Commodity Summaries 20011: Serviço Geológico dos E.U.A.

Joesten, M.,WoodD. e James L. (1996)The World of Chemistry, 2nd edition. Fort worth, Tx: Saunders College Pp 20-23. Johnson, A.B., Crabtree, J.O., Mcray, T.L., e Bennet, P.E. (1971). Beneficiamento de minério de potássio de alta argila por flotação. Us Bureau of Mine Technical Progress Report pp.41.

Jordan, C.E e Sullivan, G.V. (1977). Recovery of Brine from Potash Operation Slime (Recuperação de salmoura do lodo da operação de potássio). Relatório de Investigação pp.8255.

Jones, B.F e Decampo, D.M (2003). Geoquímica de lagoas salinas. In drever,

J.d; (ed). Treatise on Geochemistry - vol. 5 surfaces and Ground water, Weathering and soil; Amsterdam, Elsevier Ltd, pp. 393-524

Jones, B.F., Nafiz, D.L., Spencer, R.J., eOviatt, C.G. (2009). Geochemical Evolutionof Great Salt Lake, Utah, USA: Aquatic Geochemistry Vol. 15, no 1-2, pp.95-121.

Joseph, R. H. (2002). Potash Terminology andFacts. Aconselhamento sobre Plantas e Pragas 7 Universidade Rutgers. 7 (13):3

Kovalevich, V.M e Petrichenko, O.I.(1997). Composição química da salmoura na bacia de evaporação do Mioceno da região dos Cárpatos. SlovakGeological Magazine.3.173-180.

Lawrence,P.G. (2000). Uma investigação preliminar sobre a especiação de traços de

Metais na rua Poeira de tráfego pesado selecionado Zona de Jos

Rua Metropolitana. Dissertação de Mestrado, Universidade de Jos, Jos, Nigéria.

Maduka D. O. (2001). Os Recursos Minerais Sólidos da Nigéria Maximizando a Utilização para o Crescimento Industrial e Tecnológico uma Série de Palestras Inaugural ATBU Bauchi Nigéria.

Mark, K.(2002). "Salt: A World History" Walker Publishing Co Salt Institute; CargillInc. Pp. 10-12.

Mcuster, J. J. e Russell R.M.(1985). The Economy of British America,Chapel Hill: University of North Carolina press Pp 1607 - 1789.

Mendham.J., Denney, R.C, Barnes, J.d& Thomas M.J.K. (2006). Vogel's Text Book of Quantitative Chemical Analysis (6th ed.) Dorling Kindersley (India) Pvt Ltd, F.I.E Pataparaganji Delhi 110092, India PP. 340487, 612-656.

New Orlean, L.A. (2000). The World Potash Industry: Past, Present and Future, 50th Anniversary Meeting the Fertilizer Industry Round Table.

Neuendorf, K.K.E., Mehl, Jr., J.P e Jackson, J.A (2005). Glossário de Geologia (5th ed): Alexandria, Virgínia, Instituto Americano de Geologia. Pp 799.

Oliver, J.G. e Bennet, H. (1992). X-ray Analysis of Ceramic, Minerals and Allied materials.John Wiley and Son New York. pp. 230-240.

Ogugbuaja, V.O. (1995) Absorption / Emission Spectroscopy an Instrumental Methodology in Analytical Chemistry Pp 40-42.

Orris,G.J. (1997). Two Methodologies for Assessing boron in Quaternary Salar and Lacustrine Settings: Tucson, Arizona, Universidade do Arizona, dissertação de doutoramento, pp.281.

Pareena, S.M., Radojevic, M., Abdullah, M.H. e Avis, A.Z. (2007). FactorCluster Analysis and Enrichment Study of Mangrove Sediments An Example from Mengkabong Sabah. *Malysian J. Anal.* Sci., 2: 421-430

Posypaiko, V. I. andVasina, N. A. (1984).Analytical Chemistry in Metallurgical Mir.Publication Moscow pp 48 - 50.

"Potash Global Review (2009).Turnnel Vision" Industrial Mineral.Potash Investing News Risacher,F.andFritz,B. (2009). Origem do sal e evolução da salmoura dos salares de Bolívia e Chile: Aquatic Goechemistry.Vol-15, pp.123-157.

Sarkar, M., Chaudhuri, G.R., Chaltopadhyyay, A. e Biswas, N.M. (2003). Efeito do Arsenito de Sódio na Espermatogénese, Plama Gonadotrofinas e Testosterona em *Ratos.Assian J. Androl.,* 5: 27-31.

Singer,D.A. (1993). Basic Concepts in three part Quantitative Assessment ofundiscovered Mineral Resources: Nonrenewable Resources, Vol.2 no.2, pp.69-81.

Singer, D.A. e Merzie, W.D (2010). Quantitative Mineral Resources Assessment - An Integrated Approach (Avaliação quantitativa dos recursos minerais - uma abordagem integrada): New Yolk, Oxford University Press.pp.219.

Skoog, D.A., West, D.M., Holler, F.J. e Crouch, S.R. (2004) Fundamental of Analytical Chemistry oitava edição Thomson learning inc.Pp 720, 854 - 861.

Skoog, D.A. & West Donald M. (1980). Principle of Instrumental Analysis (2nd Edition) Saunders College/ Holt, Rine chart and Winston.

Sonnenfield, P.(1984). Brines and Evaporates: Academic Press, Montreat, Canadá. pp. 613.

Sonnenfield, P.(1985).Ocorrência de leitos de Potássio na Bacia de Evaporação: sais e salmouras. 85Ed. Schlitt, W.J.Soc. Min. Eng., Am Inst. Min-Met.Petr. Eng. Ny. pp.113-117

Stefanso, V. e Bjornsson, S.(1982). Physical aspect of Hydrothermal System.In Continental and Oceanic Rifts, G.Polmason (ed.) Am *Geophys. Union Geol. Soc. Am. Geodyn.* Ser. 8:123-146.

Wang, M., Liu, C., Jiao P. e Yang, Z. (2005). Teoria Minerogénica do Depósito de Potássio Superlarge Lop Nur, Xinjiang, China: Ata Geological Senica.Vol.79, no.1, pp 53-65

www.k-plus-s.com/en/wissen/vohstoff/

www.wikipedia.org/wiki/potash

Zhen,X.(1984). Caraterística de Distribuição de Boro e Lithiun em Salmoura de ZhaeangCakaSaltlake, Xizang (Tibete), China*: Jornal Chinês de Oceanologia e Limnologia* .Vol. 2 pp.218-227.

APÊNDICE

Avaliação da concentração de elementos na amostra pelo método dos mínimos quadrados.

Cálculo da concentração de K

Conc.of std. in ppm (X_i)	**Absorbance (Y_i)**	**X_i^2**	**$X_i Y_i$**
0.0	0.0	0.0	0.0
10.0	4.0	100	40.0
20.0	8.0	400	160
30.0	12.0	900	360
40.0	17.0	1600	680
50.0	20.0	2500	1000
$\sum x_i$ = 150.0	$\sum x_i$ = 61.0	$\sum x_i^2$ = 5500	$\sum x_i \sum y_i$ = 2240

$x = \frac{150.0}{6} = 25$ $y = \frac{61.0}{6} = 10.2$ $(\sum x_i)^2 = (150)^2 = 22500$

$b = \frac{\cap \sum x_i y_i - \sum x_i \sum y_i}{\cap \sum x_i^2 - (\sum x_i)^2} = \frac{4290}{10500} = 0.41$

$a = \bar{y} - b\bar{x} = 10.2 - 0.41 \times 0.25 = -0.05$

$y = bx + a = 0.41x + (-0.05)$

$x = \frac{y + 0.05}{0.41} =$

Para os valores de y = 370, 212, 195, 210, 181, 232, 531, 238, 203 e 226

$y = 370$

Por conseguinte

$$x = \frac{370 + 0.25}{0.41} = 902.6$$

$$x = \frac{212 + 0.05}{0.41} = 517.2$$

$$x = \frac{195 + 0.05}{0.41} = 475.7$$

$$x = \frac{210 + 0.05}{0.41} = 512.3$$

$$x = \frac{181 + 0.05}{0.41} = 441.6$$

$$x = \frac{232 + 0.05}{0.41} = 566.0$$

$$x = \frac{531 + 0.05}{0.41} = 1295.2$$

$$x = \frac{238 + 0.05}{0.41} = 580.6$$

$$x = \frac{203 + 0.05}{0.41} = 495.2$$

$$sx = \underline{226 + 0.05} = 551.3$$

Printed by Books on Demand GmbH, Norderstedt / Germany